刘囤囤的手缝娃娃

刘囤囤　著

辽宁科学技术出版社
沈阳

作者序语

　　我非常喜欢布艺娃娃的创作。这些娃娃不仅造型可爱，而且更是被我赋予了思想，是我对世界的一种态度表达，也是我与外界交流的一种方式。我喜欢坐在窗前一针一线缝制娃娃，享受着静谧的时光，它能够使我内心平静，此时的我仿佛能感受到时间的静止，以及午后的阳光洒进屋里的宁静与温暖。每一个娃娃都像是一个可爱的孩子，我们可以赋予它们一切我们可以赋予的寓意，这是一件多么神奇的事情啊！

　　本书中所介绍的所有娃娃基本都只有手掌大小。这些娃娃仿佛是我们手心里的宝贝，可以放在家里的任何地方，也可以放在包包里陪我们去任何地方。

　　请从现在开始，和我一起开启制作娃娃的快乐之旅吧！

关于作者

作者: 刘囝囝(原名刘坤)，自由插画师，小透明娃娃玩偶设计师，重度手工爱好者。

助理: 爱布精灵 (原名林霞)，高级制版师，一个被作者硬拉入娃圈的成衣制版师。

"馒头"：作者家非常爱抢镜的宠物，出书全程陪伴并胖了 5.5kg，已经成功胖成方形。

作者小红书: 602441319

目 录

第 **5** 章

如何制作

漫话布妮趣事

纸型（大）

第 **1** 章 可爱娃娃篇

1 白兔甜心

p.51

2 小红帽

p.52~53

3 花冠小仙女

p.54

5 一对可爱小情侣

p.56~58

第2章 甜心生活篇

1 早安小青蛙

p.59~60

2 今天我下厨

p.61~62

▶ ③ 棉花糖少女

p.63

4 森系女孩

p.64~65

5 穿正装的少年

p.66~68

6 星星少女

p.69

第**3**章　古装娃娃篇

1 员外家的小千金

p.70~71

2 闺秀有点困

p.72

3 扑蝴蝶的小姐

p.73

4 小公主回眸

p.74~75

5 人比花娇

p.76~77

6 小田螺妖精

p.78

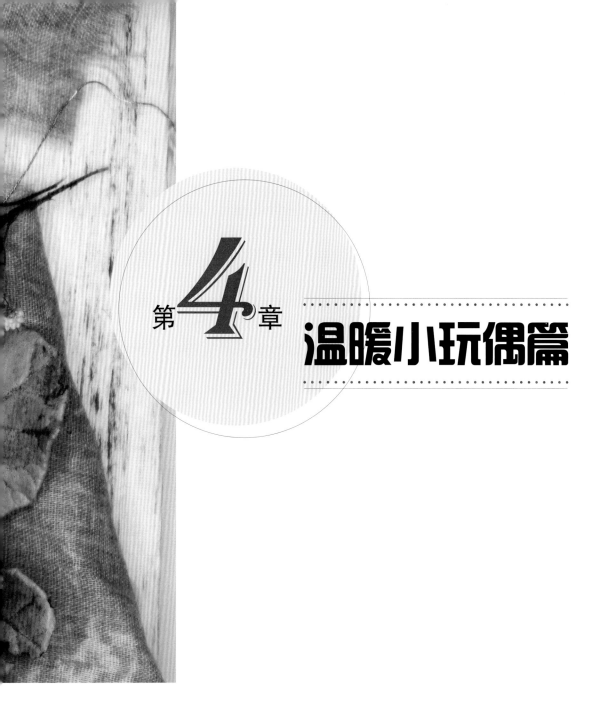

第 **4** 章

温暖小玩偶篇

1 云朵小熊

p.79

2 爱心宝贝

p.80

3 游乐园小汪

p.81

4 田园喵喵

p.82

5 小兔乖乖

p.83

6 我家旺福

p.84

第5章

如何制作

[可爱通用素体]

1

2

3

把书后相应纸型事先剪好，然后画到准备好的皮肤布上，身体2片，手臂4片，腿4片（图片上的布是折叠双层放置的）。

把画好的皮肤布留5mm做余份儿剪下，注意在所有弧度地方减好牙口，以便翻面后平整。

翻面填棉并尽量把棉填平整，把四肢开口处缝合上，棉要多填压实，这样娃娃站立起来时才不会软趴趴的。

4

5

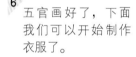

6

五官画好了，下面我们可以开始制作衣服了。

先缝合腿，将一小部分腿根缝进肚子里既结实又好看，然后再缝合手臂，注意手臂位置对称。

缝上头发，喜欢什么颜色的头发可以随便缝。还可以设计成自己喜欢的发型。

[1 白兔甜心]

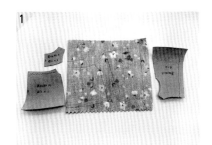

1 把要制作的纸型画在事先准备好的花布上，注意正反面，这里是折叠画的，稍后篇尾有折叠符号的讲解，会看符号就知道哪里需要折叠了。

2 画好后预留 5mm 的缝份儿，一个是正面、一个是背面，正面是要抽褶处理的。

3 抽褶完成后，与衣服的正面上半部分缝合，这样整个衣服的前片就做好了。

4 后片要先连接肩膀位置，这样方便制作。

5 把袖笼弧位置和前领弧位置窝进去并收底边，然后开始压花边。一定要按照顺序做，这样衣服才会缝合得既平整又好看。

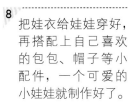

6 把腋下位置的侧缝缝合上，小衣服基本就成形了。

7 最后给裙子裙摆部位收好底边并压好花边，之后再缝上魔术贴，注意一下，要用娃娃专用的超薄魔术贴，太厚会影响娃衣的美观和平整度。

8 把娃衣给娃娃穿好，再搭配上自己喜欢的包包、帽子等小配件，一个可爱的小娃娃就制作好了。

小叮咛

娃娃手里的装饰车票是手账杂货，喜欢的亲亲可以选择现有的皮肤布来制作。快来行动吧，我们一起来做可爱的小娃娃吧。

[2 小红帽]

使用通用素体，可爱篇娃衣都可以通穿。

{娃衣}

1

按照书后纸型把所用布料裁好，并把娃衣前片抽好褶备用。

2

注意娃衣的前后片位置，如图，先缝合肩缝处，娃衣前后片就连接起来了。

3

把领口弧收好边，再把袖笼弧收好底边，压上喜欢的花边。

4

缝合娃衣侧缝，衣服下摆收好底边并压上花边。

5

最后缝合魔术贴，娃衣完成。

{娃裤}

1

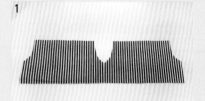

娃裤如图，按照书后纸型裁剪好备用。

2

如图，缝合前裆缝位置。

3

缝合好后如图摆好，请注意，这里是双层的。

4

收裤脚口底边。

5

把刚刚缝合平整的裤底部位抽褶，注意抽褶的时候要有耐心，尽量使褶皱均匀，这样花边抽出来之后才会平整好看。

6

翻面，如图摆好，这里用了蕾丝花边装饰，注意图上的蕾丝花边是事先抽好褶的。

7

把花边与裤子底边缝上，这里花边的位置可以按照自己的喜好压制，缝在裤脚口的里外都可以。

8

缝合裤子下裆部，小裤子马上完成了，是不是很可爱？

9

裤子、裤腰处缝合收边，穿入弹力绳，小裤子就完成了。

{帽子}

1

按照书后纸型把帽子布料裁剪好。

2

对折帽子布料，把最顶部缝合上。

3

如图，打开并准备好花边，这里的花边是事先抽好褶的。

4

把帽檐部收好底边，将帽檐与花边缝合上。

5

准备两条等长的缎带当帽带，缝合之后小帽子就完成了。

[3 花冠小仙女]

这件娃衣比较复杂，建议新手先做好前面比较简单的娃娃之后再做这款。

{娃衣}

按照纸型剪好娃衣前片。

剪好娃衣后片，摆好，注意这里一定要如图摆好，不然做着做着自己就乱了。

按照纸型剪好袖子并把袖子抽好褶，备用。

将娃衣前后片位置摆好，并把娃衣前后片的下半部抽好褶，备用。

如图，缝合娃衣上半部和下半部，这时娃衣的前片与后片还没有缝合。

缝合娃衣前片与袖子，这里袖子的袖口花边是已经缝合好的，注意先后顺序。

缝合娃衣后片，依旧是袖子与娃衣后片缝合。

缝合娃衣车缝。

收领口和娃衣下摆的底边，在底边处压好花边。

最后，缝好魔术贴或暗扣，小娃衣完成。

[4 田野里的小姑娘]

{娃衣}

1

按照书后娃衣纸型把所需要的布料剪好，注意肩带的斜度，这个斜度是防止肩带翘起来的。

2

把需要明线收边的位置处理好，注意娃衣制作顺序，为下一步做好准备。

3

缝合肩带与娃衣前片，有消失笔痕迹的地方不用担心，清洗定型后可以轻松洗掉。

4

上魔术贴，收裙子下摆底边。

5

缝合肩带与娃衣后片，压好魔术贴，一件可爱的小娃衣就这样完成了。

[5 一对可爱小情侣]

情侣款。

{ 男装裤子 }

1

如图，按照书后纸型剪好。

2

裤口收边，抽褶耐心一点，使两片裤子底部等长，准备一条喜欢的花边备用。

3

缝合花边与裤脚口。

4

如图，缝合裤子一侧前裆缝。

5

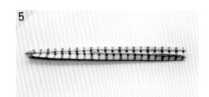

准备好裤腰并折叠好，这里需要事先熨烫一下，这样制作时方便压线，也更加平整好看。

6

缝合裤腰与裤身。

7

缝合后整理平整。

8

如图，折叠并缝合另一侧前裆缝。

9

缝好后，前裆缝作为中心按平以后，就可以看出小裤子的真正样子了。

10

缝合裤子下裆底部。

11

将裤子翻面，小裤子即将完成。

12

最后，喜欢弹力绳的上弹力绳，喜欢缝暗扣的缝暗扣，小裤子完成了。

{男孩上衣}

1

按照书后纸型把娃衣前后片裁剪好。

2

缝合前后片肩缝。

3

袖子的袖笼弧收底边。

4

缝合腋下侧缝。

5

娃衣领口处因为是圆弧形，所以要打牙口，牙口内折熨平，顺便把娃衣后片其他位置也熨烫好，之后就可以压线了。

6

收娃衣下摆底边，缝合魔术贴。

7

娃衣完成，完成后也要熨一熨，这样制作出来的娃衣才会非常平整好看，是不是很可爱？

小叮咛

步骤5中，牙口内折后时一定要熨烫平整，这样更便于操作，也不会影响成品的美观。

{女孩裙子}

按照书后纸型裁剪好，注意裙子片数，确认哪里是裙子上片，哪里是裙子下片。

把裙子上半部分的前后片肩缝处缝合、熨烫好，图上是缝好后面料背面展开的样子。

袖笼弧抽褶，此时腋下还没有缝合，裙子上片部分完成，顺便把裙子下片部分抽好褶备用，裙子下片部分分为3片。

请将裙子上片与抽好的娃衣下片位置摆好再进行缝合，以免产生混乱而缝错。

缝合裙子上片和下片。

终于可以连接腋下侧缝了。

领口弧收底边，下摆收底边。

缝合魔术贴，裙子完成。成品完成后记得熨烫一下。

[6 早安小青蛙]

{小青蛙衬衫}

1

根据纸型把衬衫前后片裁剪好备用。

2

如图，将裁剪好的衬衫前后片的余份儿熨烫进去，把袖子抽好褶备用。

3

先缝合衬衫的肩缝处，再把抽好褶的袖山弧与衬衫的袖笼弧缝合上，收好袖口底边。

4

衬衫领口弧打牙口、收底边，衬衫下摆收底边，最后缝合衬衫侧缝，衬衫后搭门收底边。

5

压缝魔术贴，衬衫完成。

小叮咛

步骤2中，将缝份儿熨烫平整，目的是便于压线时的操作，使成品更美观。

{小青蛙马甲}

1

按照书后纸型把马甲所需的布料裁剪好备用。

2

留出肩缝处和侧缝处，其他位置全部收好底边。

3

缝合肩缝和侧缝，小马甲完成，记得做好之后熨一熨。

{小青蛙灯笼裤}

1

如图，按照纸型把灯笼裤的前后片裁剪好备用。

2

缝合裤子一侧的前裆缝。

3

把裤子前后片的裤脚口都收好底边。

4

把收好的底边抽成适量的褶，然后以前裆缝为中心对折，缝合裤子的下裆缝。

5

缝合前裆缝，裤腰处内折，穿皮筋，灯笼裤完成。

小叮咛

　　步骤5中裤腰处往里折时，要折得稍微宽一点，多留出一些余份儿，这样便于皮筋的穿入。

[7 今天我下厨]

{连身裙}

1

按照纸型把布料裁好，如果怕出错，就按照图片的位置摆好，这样就不会做错了。

2

把连衣裙所有的下半部分都抽好褶，耐心一点，褶皱越均匀，做出来的连衣裙就越好看。

3

注意前后片位置，缝合连衣裙上半部分与下半部分，缝合好后如图摆好备用。

4

缝合前后片肩缝处并熨烫平整。

5

裁剪好领子和袖子备用。

6

领子对折抽褶，袖子、袖山抽褶，袖口收好底边备用。

7

先缝合袖山弧和袖笼弧，然后把领口弧收好底边，再把抽好褶的领子压缝到连衣裙领口上，压线的时候，领口弧在外层，领子在里层。

8

缝合连衣裙侧缝，再收好连衣裙下摆底边。

9

缝上魔术贴。

10

可爱的连衣裙完成了。

{帽子}

1

把帽子的布料裁好并如图缝合好，再用同款布料裁出一个长条，对折。缝合并翻面得到一个帽带，帽檐收好底边。

2

在帽檐处压花边，在帽子两边缝合帽带，简单的田园帽就制作完成了。

{马甲裙}

1

选取与帽子同款的布料，按照纸型裁剪好备用，准备做马甲裙。

2

缝合马甲裙前后片上半部分与下半部分，得到马甲裙前片与马甲裙后片，按照上图位置摆好备用。

3

缝合马甲裙前后片肩缝处，并将袖笼弧位置收好底边。

4

马甲裙领口和下摆收好底边，挑选喜欢的花边压上。

5

后搭门收边，缝好魔术贴，马甲裙完成了。

6

整套搭配完成，是不是非常可爱？

[8 棉花糖少女]

{娃娃外套}

1

按照纸型把衣服前后片布料裁剪好备用。

2

缝合风衣前后片肩缝处，袖口处收底边，对折衣服侧缝并缝合，注意缝合顺序，将领子背面两片面料缝合后，翻到正面。

3

领口弧打牙口收底边，把领子缝到娃衣里面，领子就翻过来了。如果喜欢平整一点，领子就用一层，如果喜欢领子鼓鼓的感觉，就缝两层。

4

缝合完倒过来的样子，收好娃衣下摆底边。

5

娃衣里面的样子（方便大家理解）。

6

缝合完成后，要仔细熨烫好衣领，这样领子才不会翘起来。然后再全衣熨烫，这样衣服在娃娃穿上之后才会服帖整齐。

7

最后缝上扣子，做好装饰，可爱的娃娃小风衣完成了。

小叮咛

不是所有的衣服都适合做这样的搭配拍摄，只有衣领鼓鼓或是整件衣服整体比较丰富的才可以这样拍，有一些就不行，所以这里拍的都是比较好看的，供大家欣赏。

[9 森系女孩]

{长连衣裙}

1 按照纸型把布料裁剪好备用。

2 缝合裙子的肩缝处，然后再把袖子的上半部分与下半部分缝合好备用。

3 缝合袖笼弧与袖山弧，再收好整个领口弧的底边。

4 以袖口边的中点为中心对折。

5 收好袖口边的底边。

6 缝合裙子的袖缝与侧缝。

7 裙子下摆收好底边，后搭门收底边，缝好魔术贴。

8 翻转至正面，娃娃裙子完成。

小叮咛

　　步骤1中，要选用柔软轻薄的棉麻碎花布料。因为布料不合适，做出来的裙子没有质感，不能体现出森女裙子的自然感和柔软感。

〔围裙〕

1

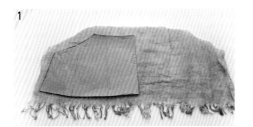

按照纸型把布料裁剪好备用，围裙下摆抽丝搓成上图中的样子。

2

下摆不动，左右两侧收底边。

3

围裙没有抽褶的两侧也别忘了缝上等宽的缎带，上面的系在脖子上，两侧的系在后腰上，还可以在后腰处系一个完美的蝴蝶结，再搭配上自己心仪的小配件，完美！

小叮咛 1

步骤 1 中，要选用与连衣裙质地类似的布材，以超薄的麻料为宜，这样可更好地展现整体搭配效果。

小叮咛 2

要注意，最上面收底边时的宽度要根据所准备的缎带宽度决定，这样才能把缎带穿进去抽紧，缎带才能直接系在娃娃脖子上。

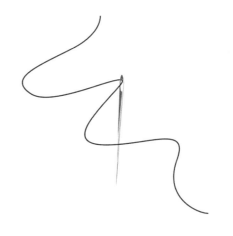

[10 穿正装的少年]

{ 黑西服上衣 }

1

按照纸型把上衣所需的布料裁剪好备用。

2

为了美观，这里做了一个小燕尾，所以后片是两片。

3

缝合袖山弧与上衣的袖笼弧。

4

可以上上衣领子了，领子是两片缝在一起的。

5

收好袖口底边，缝合上衣侧缝，最后收好上衣下摆的底边。

6

缝上自己喜欢的西服小扣子，小西服上衣完成。

小叮咛 1

步骤2中，要先缝上衣后片，再缝合前片与后片的肩缝处。

小叮咛 2

步骤4中，上领子的时候要尽量耐心一点，缝合好后一定记得熨一熨。

{ 西服短裤 }

1

按照书后纸型把短裤前后片裤腰都裁剪好备用。

2

缝合裤子前片的左右片侧缝和裤子后片的左右片侧缝。

3

缝合裤子一侧的前裆缝，将裤腰折好，熨平整。

4

裤腰夹住裤身缝合，把裤脚口底边也同时收好。

5

以前裆缝为中心，裤子侧缝为两边折叠，折成上图这个样子。

6

把裤子倒过来的效果图，这样更方便大家理解。

7

把裤子下裆缝缝合好，缝上魔术贴，翻到正面，小裤子就做好了。

小叮咛

魔术贴位置尽量不要用暗扣，太厚的话，短裤下摆就会翘起来。

{西服衬衫}

1
按照纸型把衬衫所需的布料裁剪好。

2
缝合肩缝处并用熨斗熨平整。

3
按照纸型把衬衫领需要缝合的地方缝好备用。

4
把两片领子缝合成一片。

5
把领子翻到正面后，如图折好，毛边的一面套住衣身收底边压线。

6
领子上好了，别忘记熨烫平整。

7
收好袖笼弧底边，下领子做得这么复杂，是为了翻领时候的效果更好看。

8
缝合好衬衫侧缝，收好衬衫下摆底边。

9
西服衬衫完成。

小叮咛

衬衫里不用上暗扣魔术贴，因为套在西服里面之后，它自然而然就很平整了，不要画蛇添足。

[11 星星少女]

{ 星星少女红风衣 }

1

按照纸型裁剪好备用。

2

先缝合娃衣的上半部分。

3

然后缝合娃衣的下半部分。

4

把娃衣上半部分和下半部分缝合起来，再缝合娃衣侧缝。

5

缝上自己心仪的小纽扣。

6

搭配上自己喜欢的娃衣配件。

小叮咛 1

　　步骤1中使用正红色纯棉布料。

小叮咛 2

　　步骤3中，下半部分娃衣全部缝好后再一起抽褶，这样褶皱就很均匀细致了。

小叮咛 3

　　最后的成品搭配图和娃娃最后穿的不一样，这是给大家的一个小提示，打开脑洞，不一样的小配件穿出来的效果也不一样，完全可以根据自己的喜好来搭配，千万不要拘泥于形式，只要可爱就可以了。

[12 员外家的小千金]

{粉色马甲}

1

按照纸型把马甲两片裁剪好备用，看好纸型哪里是前面，哪里是后面（纸型上有标注），参考下一步图缝合娃衣前片位置，袖口部位收底边。

2

袖口对折后马甲后片的样子，小衣服基本成形了。

3

领口弧打牙口、收底边。

4

马甲下摆收底边，熨烫或画上自己喜欢的图案，上衣完成。

{裙子}

1

熨烫好褶皱后按照书后纸型裁好备用，腰带也一起裁出来备用。

2

先缝合一侧的裙腰和裙身，再把裙腰布料对折夹住裙身压线。

3

裙子下摆收底边。

4

裙子对折压线，留出裙腰开口处，方便娃娃身体穿进去，缝合魔术贴，翻到正面，小裙子就做好了。

{ 娃娃里衣 }

1

按照书后纸型把里衣和衣领如图裁剪好备用，然后再把袖口边收好底边。

2

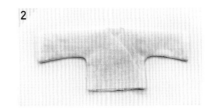

以袖口边的一半为中心对折。

3

缝合衣领与衣身。

4

衣服下摆收底边熨烫，小衣服就完工了。

小叮咛 1

步骤 3 中，为了好看，上了两层衣领，实际一层也是可以的，制作起来也比较简单。

小叮咛 2

制作古装衣服时，需要耐心，请大家一定要耐住性子。

[13 闺秀有点困]

{上衣}

1

按照纸型把娃衣所需的布料裁剪好备用。

2

领子两片缝合后，翻到正面备用，收好领口弧和后搭门的底边。

3

收好领口底边，领子在里，衣身在外，压线缝合。

4

缝合娃衣袖侧缝和衣侧缝。

5

收好衣服下摆底边，熨上自己喜欢的小花纹，缝合魔术贴，娃衣完成。

{裙子}

1

按照纸型准备好裙腰，裙身裁剪好抽褶备用。

2

裙腰对折收边，夹缝在裙身边上。

3

收裙子下摆底边，留裙后开口，缝合魔术贴，小裙子完成。

4

搭配小配件，古典气质妥妥的。

[14 扑蝴蝶的小姐]

{上衣}

1

按照纸型把衣服和领子裁剪好备用。

2

衣服左右两片缝合，再把衣领上到娃衣上，最后把袖口收底边。

3

这个是娃衣反面，这样更方便大家理解，缝合娃衣侧缝。

4

翻到娃衣正面，娃衣就做好了。

{裙子}

1

按照纸型裁剪好裙身备用，准备好裙腰，把裙腰缝合在裙身上。

2

对折，裙子后面留一个开口，以便娃娃穿脱。

3

缝上魔术贴，小裙子就做好了。

4

上衣和裙子搭配好以后，再搭配上小配件，完美。

小叮咛 1

成品完成后，适当地熨烫可使娃衣既平整又好看。

小叮咛 2

上衣上的压花是熨斗熨上去的小烫花。

[15 小公主回眸]

{上衣}

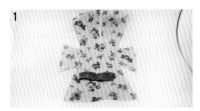

1 按照书后纸型把所需的布料裁剪好备用。

2 后搭门领口弧收底边一气呵成，收袖口边底边、裙子前后片下摆底边。

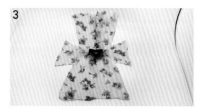

3 压缝娃娃衣领，压缝时领子在里、衣身在外。

4 以袖口边中点为中心对折。

5 缝合袖侧缝和衣侧缝。

6 缝合魔术贴，娃衣完成。

小叮咛

因为教程里选用的是麻纱，所以制作的时候一定要看好纱相，以免布料抽丝。

{下身裙}

1

按照纸型裁剪好布料备用。

2

裙身对折缝合，留适当的开口，方便娃娃穿脱。

3

上裙腰、裙子下摆收底边，缝合魔术贴，小裙子完成。

4

搭配上小饰品，完工。

小叮咛 1

　　因为领子和裙子是同款布料，所以准备裙子的时候可以一起裁剪出来。

小叮咛 2

　　制作这件裙子的时候，刚开始我们是用打火机烤的方式收底边，后来觉得不好看，改为用透明线收底边，这样看上去更精致。火烤也是收底边的一种方法，是否适用首先取决于布料，其次是看衣服风格，多看多做，慢慢体会，我们一起加油吧。

[16 人比花娇]

{花娇上衣}

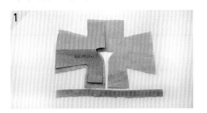

1

根据纸型把娃衣和领子裁剪好备用。

2

缝合领子与娃衣,这里领子是对折缝合在领口弧上的。

3

花边直接压缝在领子上。

4

袖口边收底边,图片上拍的是背面,以便大家看得更清楚。

5

缝合衣服腋下侧缝。

6

衣服下摆收底边,娃衣完成。

小叮咛 1

步骤3中,推荐用极细透明线,这样看不见线迹,娃衣就会更加精致好看。

小叮咛 2

娃衣完成后,别忘养成熨烫的好习惯。

{ 花娇下身裙 }

1

把裙子布料按照 3~5mm 间距熨出褶皱，再按照纸型裁好裙身形状，准备好腰带部分备用。

2

缝合腰带一侧与裙身。

3

把缝合好的腰带与裙身处熨烫平整。

4

把腰带对折，并把毛边折进去，再次与裙身缝合。

5

裙子下摆收底边，如果喜欢在裙腰处加装饰花边，也可以把花边压缝到裙腰上，注意不要太厚，裙腰太厚会显得娃娃腰特别粗壮。

6

根据娃娃身体大小留好裙子背面的开口长度。

7

在裙腰开口处缝合魔术贴。

8

黏合魔术贴，将裙子翻到正面，小裙子完工。

[17 小田螺妖精]

{上衣}

1

按照纸型裁好所需的布料。

2

娃衣后片缝合后，就能看出基本形状了。

3

袖口包边，衣服前衣襟领口包边。

4

缝合袖侧缝、衣侧缝，娃衣完成。喜欢做腰带的可以加一个腰带或大缎带。

小叮咛

步骤 3 中，如果袖口包边包不好，可以在领口前襟事先多留一点，然后直接收底边。

{灯笼裤}

1

按照纸型准备好所需的布料。

2

缝合前裆缝，裤脚口收底边并抽褶，以前裆缝为中心对折。

3

缝合下裆缝。

4

裤腰宽一点收底边，穿入皮筋，小裤子完成。

[18 云朵小熊]

{云朵小熊}

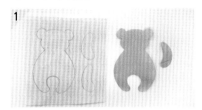

1 按照纸型把小熊在皮肤布上画好，画两个手臂就可以，因为皮肤布是折叠的。

2 缝合，注意留好即将塞棉的位置。

3 留大概5mm余份儿，剪好两个手臂和一个身体。

4 打牙口，注意千万不要剪坏了，圆弧的位置间隔小点，平滑的地方间隔大点。

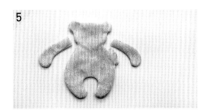

5 翻面，有褶皱的地方填上棉花就平滑了。

6 填棉花，尽量填满一点，缝好后上手轻轻地揉一揉，使棉花更均匀。

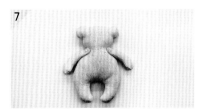

7 缝合手臂和素体，缝两粒小珍珠当作装饰，小熊基本素体就做好了。

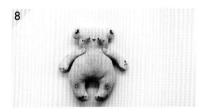

8 按照个人喜好画五官和体妆，可以把自己喜欢的小装饰画在小熊身上。

9 穿衣服做装饰，粉嫩可爱的小熊完工。

小叮咛

围巾就是简单的反正针，长度根据自己的喜好编织即可。

{爱心宝贝}

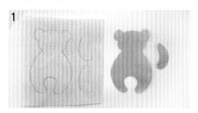

1 按照纸型把小熊在皮肤布上画好，画两个手臂就可以，因为皮肤布是折叠的。

2 缝合，注意留好即将塞棉的位置。

3 留大概5mm余份儿，剪好两个手臂和一个身体。

4 打牙口，注意千万不要剪坏了，圆弧的位置间隔小点，平滑的地方间隔大点。

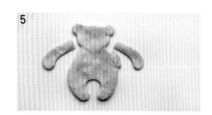

5 翻面，有褶皱的地方填上棉花就平滑了。

6 根据小熊身体大小留好裙子背面的开口长度。

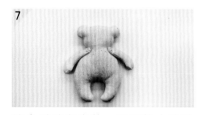

7 缝合手臂和素体，缝两粒小珍珠作装饰，小熊基本素体就做好了。

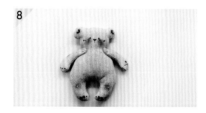

8 按照个人喜好画五官和体妆，可以把自己喜欢的小装饰画在小熊身上。

9 穿衣服做装饰，粉嫩可爱的小熊完工。

[20 游乐园小汪]

{ 小汪 }

1

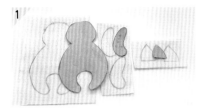

按照纸型把小汪在皮肤布上画好。

2

缝合并留好耳朵位置，留5mm余份儿，按照形状剪下来。

3

手臂翻面填棉，耳朵填一半棉并倒着进入头部，在头部的连接处缝合耳朵。

4

把身体翻到正面，缝合手臂部位。

5

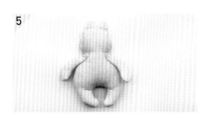

塞入棉花，缝合手臂和素体，为了美观也不要忘记缝上小珍珠。

6

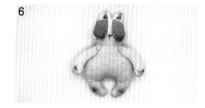

画好五官，可爱的小汪就做好了。

7

穿衣服,书后有1：1纸型的衣服,前后片直接缝合即可,超可爱的小汪完成。

小叮咛

步骤3中，耳朵要做大一点，插入时要深一点，因为如果插入太浅，翻面后耳朵会显得太小。耳朵的大小也可根据自己的喜好来制作。

[21 田园喵喵]

{喵喵}

1 按照书后纸型把小猫身体各部位画好。

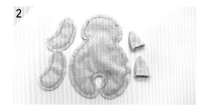

2 依旧按照线迹缝合，头顶留出耳朵位置。

3 手臂翻面，填棉备用，耳朵填棉后倒插，然后按照头顶线迹缝合耳朵和素体。

4 将素体翻到正面，手臂收底口。

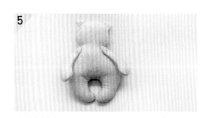

5 身体填棉，缝上手臂，基本素体就缝好了。

6 画五官和体妆及腮红。

7 根据书后纸型做好衣服，软萌小喵完成。

小叮咛

画腮红的时候，可以叠用棉签，将腮红均匀地涂抹在喵喵的脸蛋上。

[22 小兔乖乖]

{ 小兔乖乖 }

1

按照纸型先把小兔素体、手臂、耳朵画好，这里皮肤布依旧是折叠绘画的。

2

缝合留出耳朵的位置，头顶千万不要全缝上，不然兔子耳朵就没有了。

3

细致地打好牙口，以免翻面时出现褶皱。

4

耳朵翻到正面，耳朵里面填 2/3 或一半棉花，如图，耳朵开口处在上面，实际就是倒着插进身体事先留出的位置。

5

将小兔翻到正面，耳朵就自然随着翻面出来了，然后将整个身体填棉，尽量塞满，这样小兔子才会饱满而富有弹性。

6

塞好棉花了。

7

缝合手臂与素体，然后画五官与身体装饰。

8

画好了，粉萌粉萌的小兔子完工。

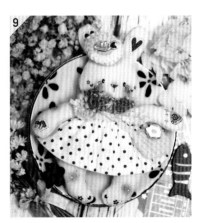

9

穿上衣服后的可爱小兔乖乖。

[23 我家旺福]

{旺福}

1

按照纸型在皮肤布上画好小猪身体各部位，按照线迹缝合，留出耳朵的位置。

2

留好余份儿，剪下之后打好牙口，将耳朵翻到正面。

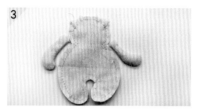

3

将手臂翻到正面填棉，耳朵如图，倒插进事先留好的位置。

4

将身体翻到正面，手臂收底口。

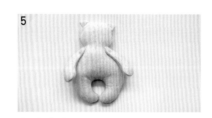

5

身体填棉，缝合手臂与素体，小猪的基本素体就做好了。

6

画好五官体妆，粉嫩嫩的小猪出炉了。

7

穿衣服了，我家旺福完成。

小叮咛

步骤6中，为了使小猪更有灵气，制作好后，用胶水将耳朵如图粘贴，这样整体效果更灵动。

话布妮趣事

89

纸型（大）

通用娃娃素体

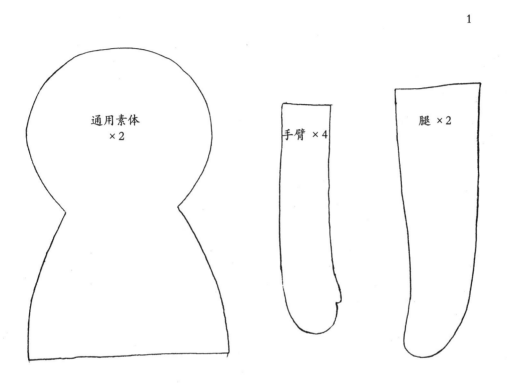

1

通用素体
×2

手臂 ×4

腿 ×2

古装娃娃素体 A

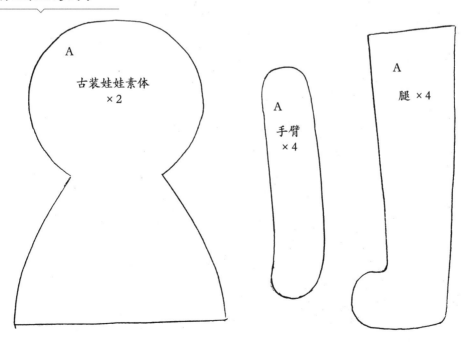

A

古装娃娃素体
×2

A

手臂
×4

A

腿 ×4

古装娃娃素体 B

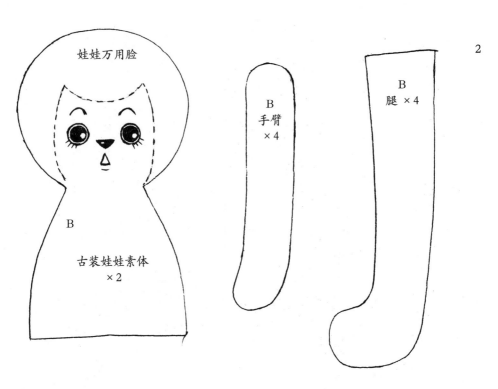

娃娃万用脸

B

古装娃娃素体
×2

B
手臂
×4

B
腿 ×4

2

古装娃娃素体 C

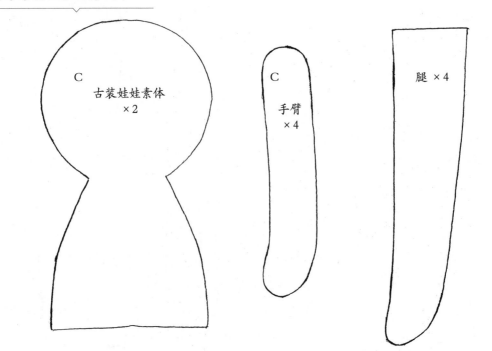

C
古装娃娃素体
×2

C
手臂
×4

腿 ×4

衣服各部位名称

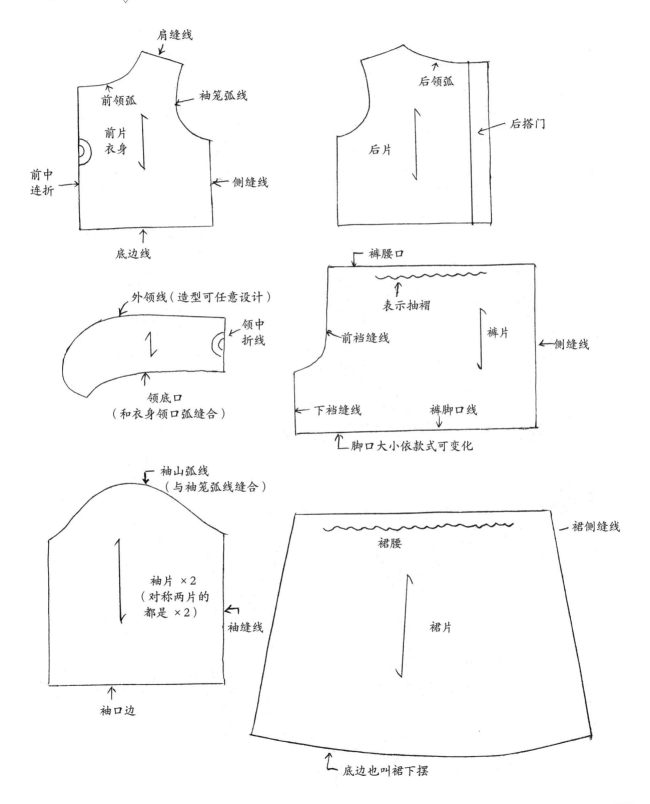

肩缝线

前领弧

袖笼弧线

前片衣身

前中连折

侧缝线

底边线

后领弧

后片

后搭门

外领线（造型可任意设计）

领中折线

领底口（和衣身领口弧缝合）

裤腰口

表示抽褶

前裆缝线

裤片

侧缝线

下裆缝线

裤脚口线

脚口大小依款式可变化

袖山弧线（与袖笼弧线缝合）

袖片 ×2（对称两片的都是 ×2）

袖缝线

袖口边

裙腰

裙侧缝线

裙片

底边也叫裙下摆

白兔甜心

p.8/p.51

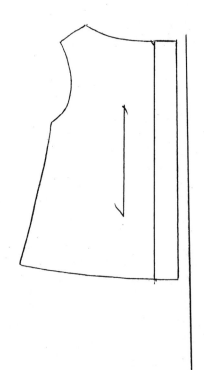

小红帽

p.10/p.52

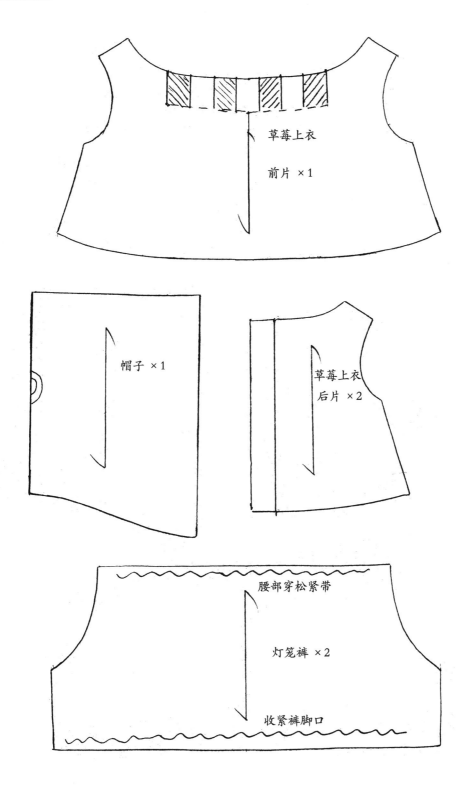

草莓上衣

前片 ×1

帽子 ×1

草莓上衣

后片 ×2

腰部穿松紧带

灯笼裤 ×2

收紧裤脚口

花冠小仙女

裙子
后上片
×2

前上片 ×1
领口

p.11/p.54

裙子
后下片 ×2

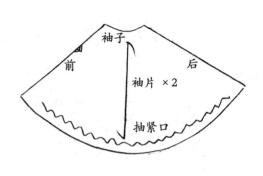
前
后
袖子
袖片 ×2
抽紧口

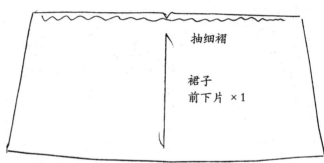
抽细褶
裙子
前下片 ×1

田野里的小姑娘

p.12/p.55

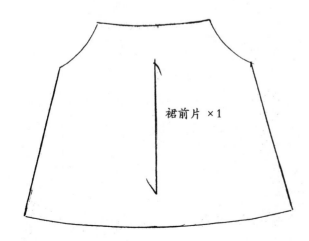
裙前片 ×1

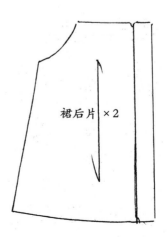
裙后片 ×2

裙肩带
×2

一对可爱小情侣

p.14/p.56

男孩

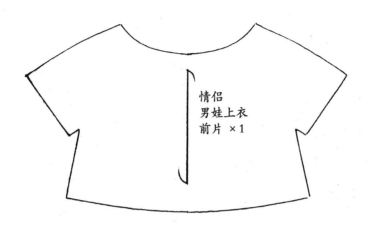

情侣
男娃上衣
前片 ×1

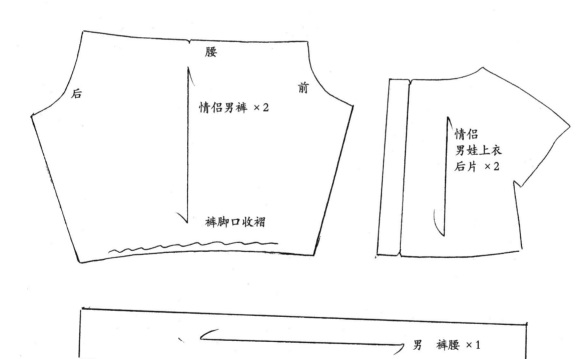

腰

后　　　　　　前

情侣男裤 ×2

裤脚口收褶

情侣
男娃上衣
后片 ×2

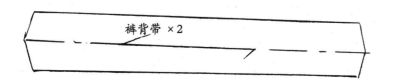

男　裤腰 ×1

裤背带 ×2

女孩

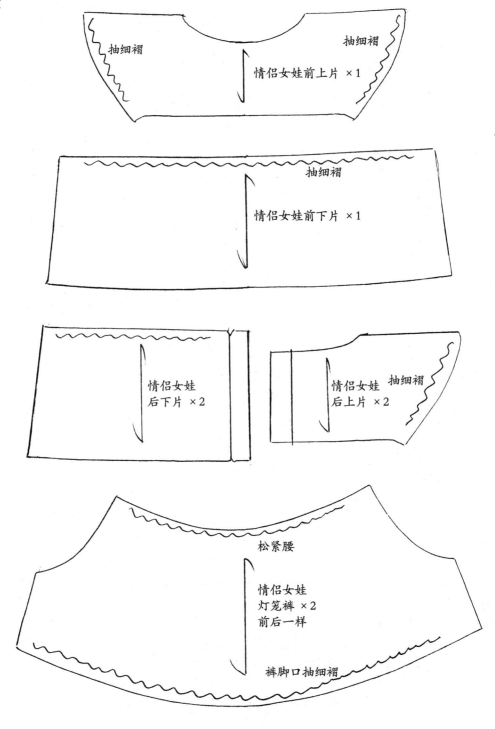

抽细褶　　　　　　　　　　　　　　　　抽细褶

情侣女娃前上片 ×1

抽细褶

情侣女娃前下片 ×1

情侣女娃
后下片 ×2

情侣女娃
后上片 ×2　抽细褶

松紧腰

情侣女娃
灯笼裤 ×2
前后一样

裤脚口抽细褶

早安小青蛙

p.18/p.59

小青蛙衬衫
正面 ×1

小青蛙
衬衫背
面 ×2

小青蛙马甲
正面 ×1

小青蛙
马甲背面 ×2

小青蛙灯笼裤 ×2

小青蛙衬衫
袖子 ×2

今天我下厨

p.21/p.61

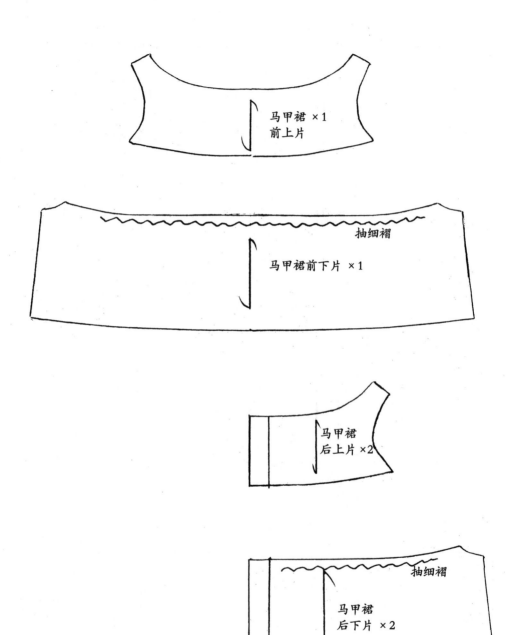

马甲裙 ×1
前上片

抽细褶

马甲裙前下片 ×1

马甲裙
后上片 ×2

抽细褶

马甲裙
后下片 ×2

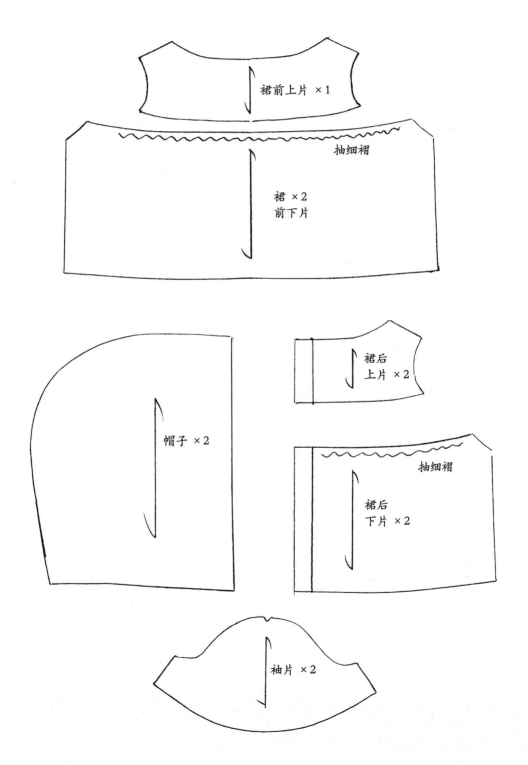

裙前上片 ×1

抽细褶

裙 ×2
前下片

帽子 ×2

裙后
上片 ×2

抽细褶

裙后
下片 ×2

袖片 ×2

棉花糖少女

p.20/p.63

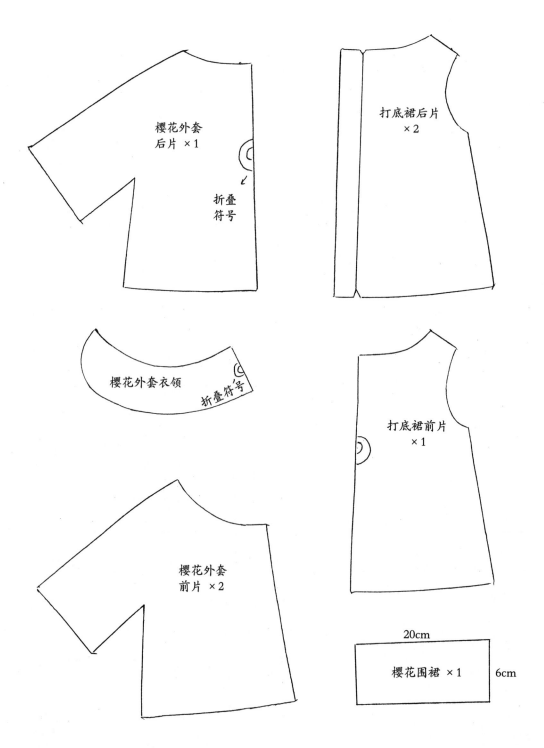

櫻花外套
後片 ×1

折叠
符号

打底裙後片
×2

櫻花外套衣领

折叠符号

打底裙前片
×1

櫻花外套
前片 ×2

20cm

櫻花围裙 ×1

6cm

森系女孩

p.21/p.64

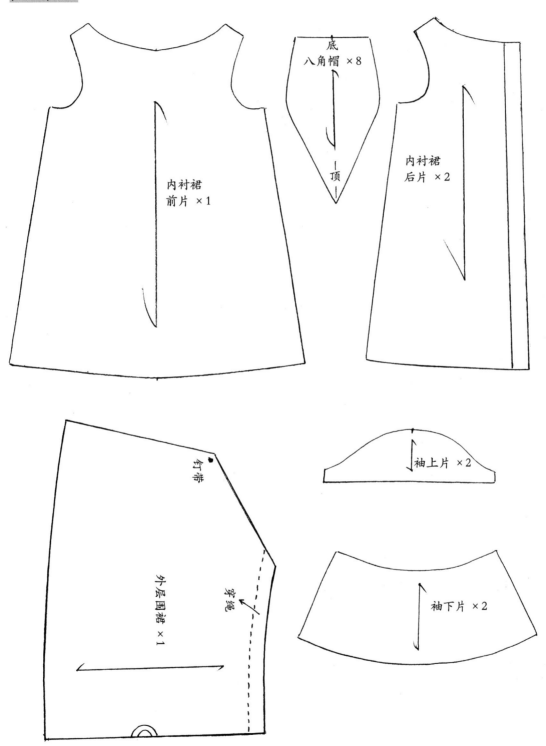

内衬裙
前片 ×1

底
八角帽 ×8

顶

内衬裙
后片 ×2

钉带

穿绳

外层围裙 ×1

袖上片 ×2

袖下片 ×2

穿正装的少年

p.22/p.66

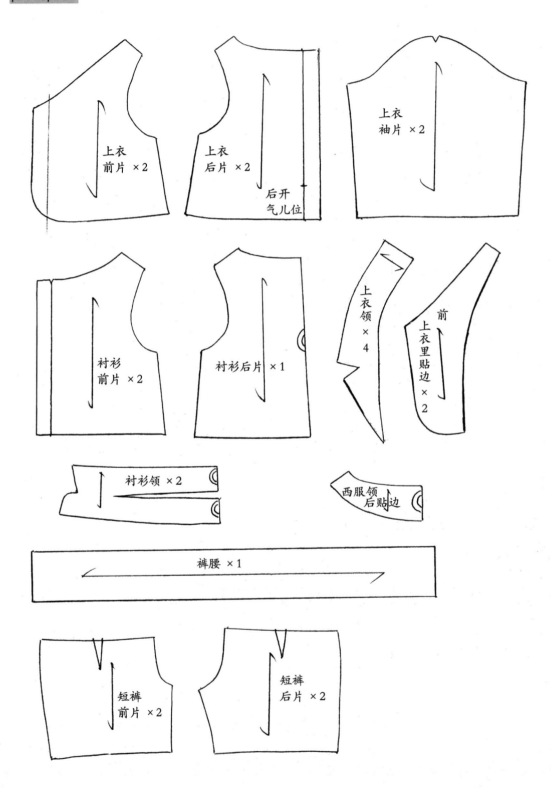

上衣
前片 ×2

上衣
后片 ×2

后开
气儿位

上衣
袖片 ×2

衬衫
前片 ×2

衬衫后片 ×1

上衣领 ×4

前

上衣里贴边 ×2

衬衫领 ×2

西服领
后贴边

裤腰 ×1

短裤
前片 ×2

短裤
后片 ×2

星星少女

p.23/p.69

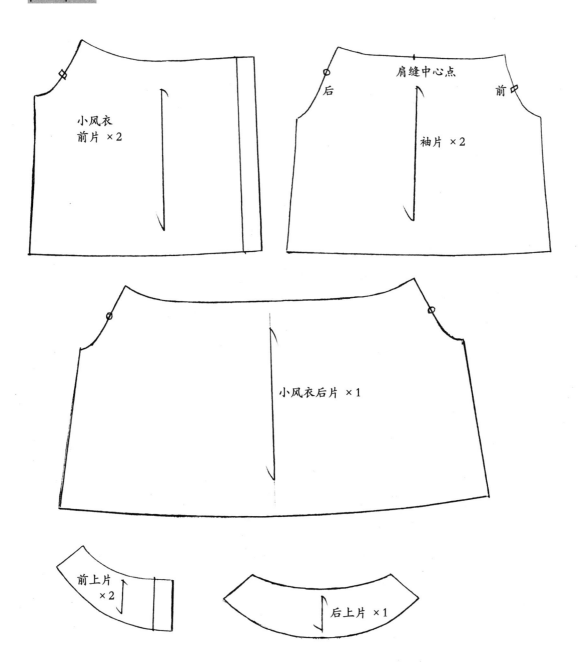

小风衣
前片 ×2

肩缝中心点

后　　　　前

袖片 ×2

小风衣后片 ×1

前上片
×2

后上片 ×1

员外家的小千金

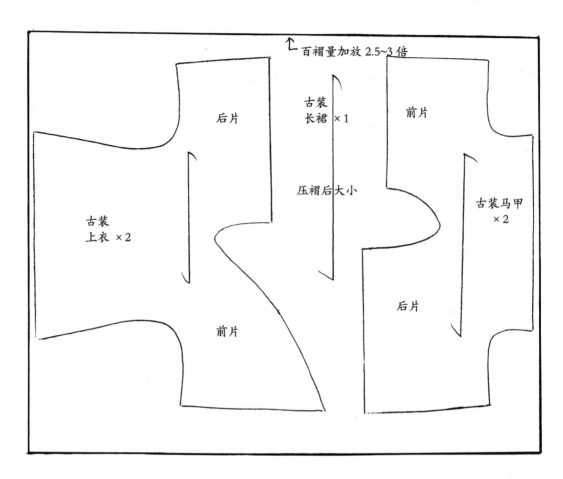

百褶量加放 2.5~3 倍

后片

古装
长裙 ×1

前片

压褶后大小

古装
上衣 ×2

古装马甲
×2

后片

前片

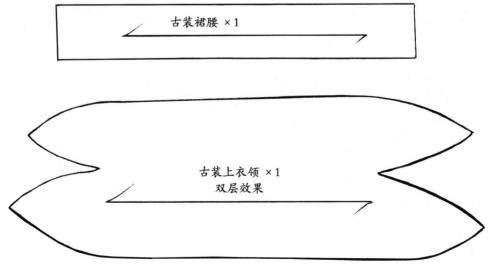

古装裙腰 ×1

古装上衣领 ×1
双层效果

闺秀有点困

p.28/p.72

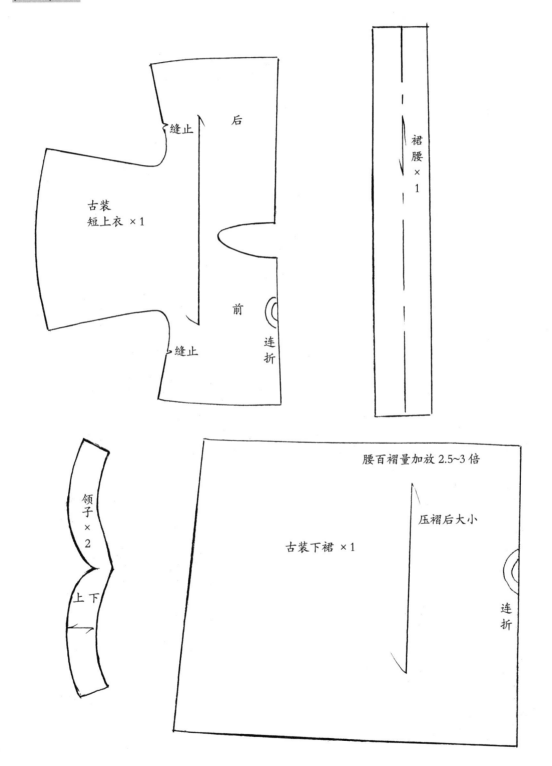

后

缝止

古装
短上衣 ×1

前

缝止

连折

裙腰 ×1

领子
×2

上 下

腰百褶量加放 2.5~3 倍

压褶后大小

古装下裙 ×1

连折

扑蝴蝶的小姐

p.30/p.73

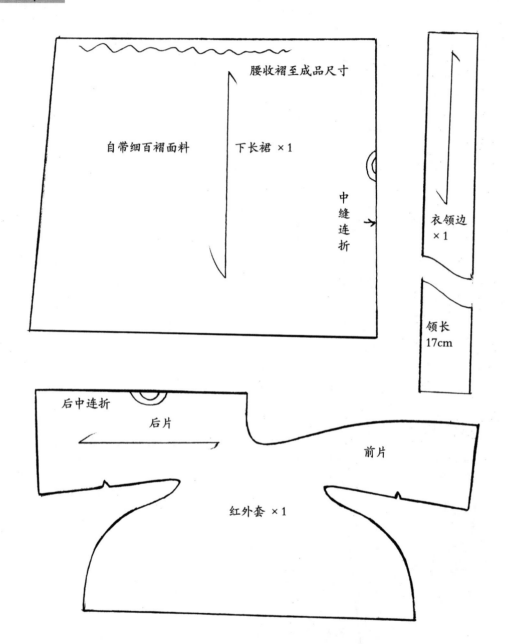

自带细百褶面料　下长裙 ×1

腰收褶至成品尺寸

中缝连折

衣领边 ×1

领长 17cm

后中连折　后片

前片

红外套 ×1

小公主回眸

p.32/p.74

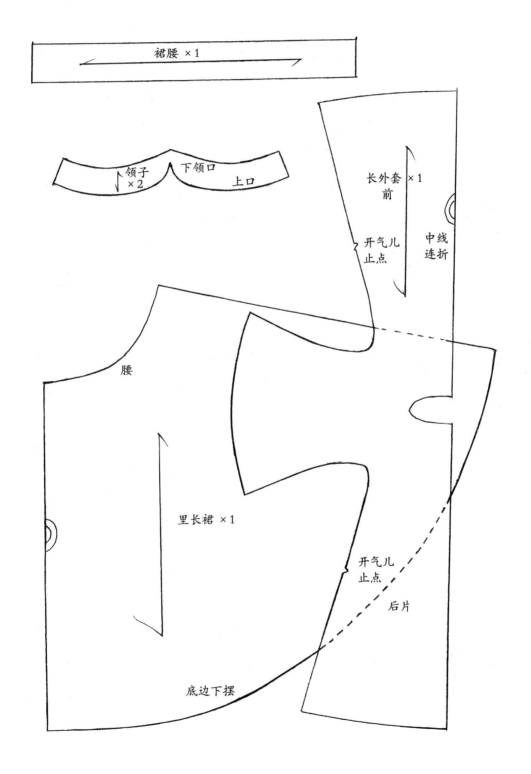

裙腰 ×1

领子 ×2

下领口

上口

长外套 ×1
前

开气儿
止点

中线
连折

腰

里长裙 ×1

开气儿
止点

后片

底边下摆

人比花娇

p.34/p.76

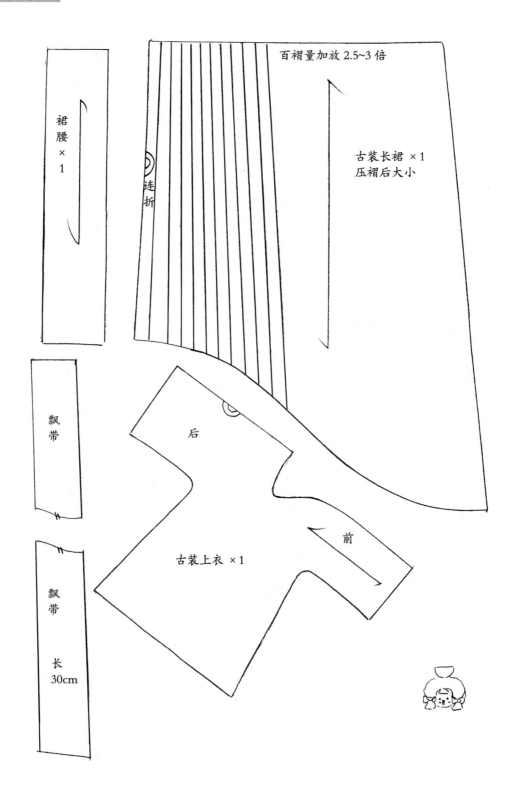

裙腰 ×1

百褶量加放 2.5~3 倍

连折

古装长裙 ×1
压褶后大小

飘带

后

前

古装上衣 ×1

飘带

长
30cm

小田螺妖精

p.35/p.78

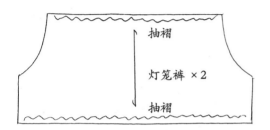

抽褶

灯笼裤 ×2

抽褶

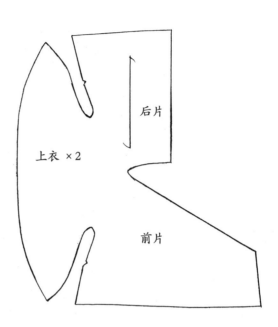

后片

上衣 ×2

前片

领子 ×1

领长 19cm

云朵小熊、爱心宝贝

p.38/p.41/p.79/p.80

小熊

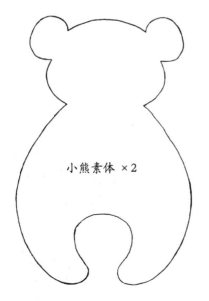

小熊素体 ×2

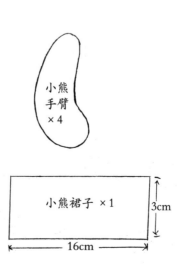

小熊手臂 ×4

小熊裙子 ×1

3cm

16cm

游乐园小汪

p.43/p.81

小狗

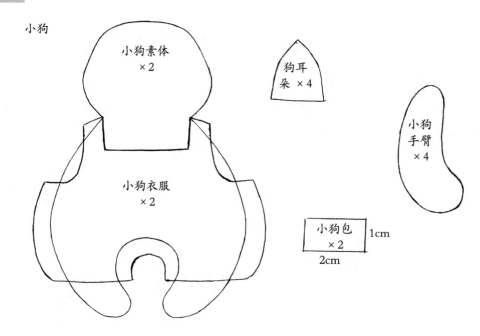

小狗素体 ×2

小狗衣服 ×2

狗耳朵 ×4

小狗手臂 ×4

小狗包 ×2

1cm

2cm

田园喵喵

p.44/p.82

小猫

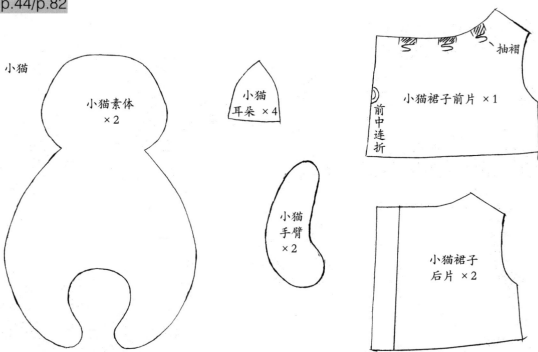

小猫素体 ×2

小猫耳朵 ×4

小猫手臂 ×2

抽褶

小猫裙子前片 ×1

前中连折

小猫裙子后片 ×2

小兔乖乖

p.46/p.83

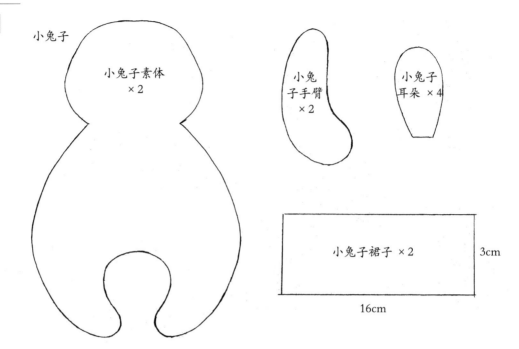

小兔子

小兔子素体
×2

小兔子手臂
×2

小兔子耳朵 ×4

小兔子裙子 ×2

3cm

16cm

我家旺福

p.47/p.84

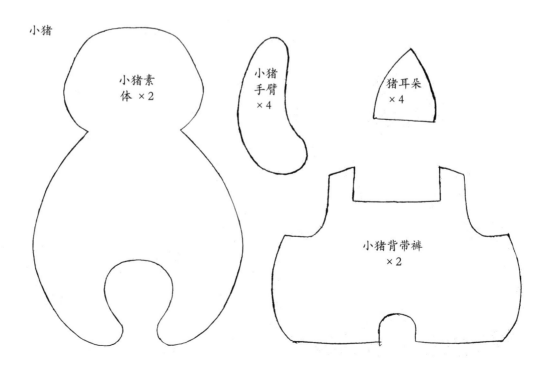

小猪

小猪素体 ×2

小猪手臂
×4

猪耳朵
×4

小猪背带裤
×2

图书在版编目（ＣＩＰ）数据

刘囡囡的手缝娃娃 ／ 刘囡囡著 . — 沈阳 ：辽宁科学技术出版社，2021.10
ISBN 978-7-5591-2150-9

Ⅰ．①刘⋯ Ⅱ．①刘⋯ Ⅲ．①布料—手工艺品—制作 Ⅳ．① TS973.51

中国版本图书馆 CIP 数据核字（2021）第 148580 号

出版发行：辽宁科学技术出版社
　　　　　（地址：沈阳市和平区十一纬路 25 号 邮编：110003）
印 刷 者：辽宁新华印务有限公司
经 销 者：各地新华书店
幅面尺寸：210mm×260mm
印　　张：7.5
字　　数：150 千字
出版时间：2021 年 10 月第 1 版
印刷时间：2021 年 10 月第 1 次印刷
责任编辑：康　倩
封面设计：袁　舒
责任校对：闻　洋
书　　号：ISBN 978-7-5591-2150-9
定　　价：48.00 元

投稿热线：024-23284367　　联系人：康倩
邮购热线：024-23284502
E-mail：987642119@qq.com